AF582172

PUNAISES.

DESTRUCTION PROMPTE ET COMPLÈTE
DE CES INSECTES,

Procédé nouveau, facile et à la portée de tout le monde;

PAR J.-J. VOIZINLAFORGE PÈRE,
MEMBRE DE L'ACADEMIE DE L'INDUSTRIE FRANÇAISE.

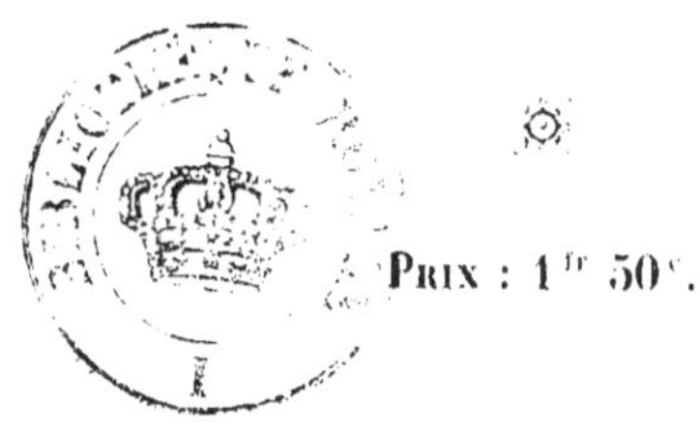

PRIX : 1 fr 50 c.

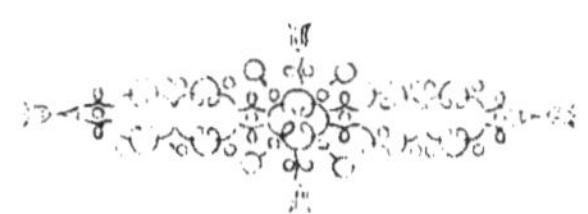

BORDEAUX,
Chez les principaux Libraires.

1841.

Les exemplaires voulus par la loi ayant été déposés, je saisirai comme contrefaçon tout exemplaire qui ne serait pas revêtu de ma griffe.

Imprimerie de M.me V.e LAPLACE née BEAUME, rue du Parlement-Ste.-Catherine, 39, et allées de Tourny, 7.

PUNAISES.

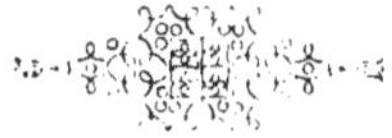

PARMI les insectes qui pullulent autour de nous, il en est de si dégoûtants, et dont l'incommodité est si généralement reconnue, qu'il serait oiseux de s'arrêter long-temps sur un pareil sujet. Il ne le serait pas moins de chercher à s'expliquer l'inutilité apparente de leur existence : respectons l'ordre et les secrets de la nature.

Au nombre de ces insectes est, en première ligne, la punaise, hideuse, avide, qui s'acharne sourdement après nous, et ne nous abandonne que lorsqu'elle est amplement rassasiée de notre sang. C'est la nuit, c'est au moment où l'homme fatigué de travaux pénibles, d'études, de préoccupations diverses, cherche dans le sommeil un repos salutaire, que les punaises fondent sur lui par milliers, l'agitent, le torturent cruellement par des piqûres dont les traces attestent la présence d'un venin qui occasionne une démangeaison intolérable : et si, par un hasard fatal, la main parvient, dans l'impatience de ses recherches, à rencontrer une punaise et à en faire une victime, on est aussitôt assailli par une odeur insupportable.

La nature, souvent si avare, a jeté partout, et à profusion, cet insecte fâcheux. La punaise habite et le palais et la chaumière; la modeste demeure du pauvre où l'hygiène et la propreté, si nécessaires à la santé, sont le plus souvent méconnues, et la maison somptueuse et confortable du riche; le triste réduit de l'ouvrier et (ne leur en déplaise) le boudoir parfumé, la chambre à coucher soyeuse et dorée des opulentes et délicates maîtresses du goût et de la mode. *

Cependant, dans son ardente soif de sang, la punaise n'agit pas toujours en aveugle. Elle sait, dans l'occasion, choisir sa proie, devenir friande; et elle exerce, de préférence et plus facilement, ses ravages sur une chair tendre et ferme que recouvre une peau blanche et douce : c'est aussi cet instinct qui lui fait rechercher, avec une avidité si active, les parties du

* Nec toga nec focus est, nec tutus cimice lectus.

Pline, *liber* 27, *cap.* 9, 9.

corps les plus délicates et sur lesquelles elle peut mieux satisfaire ses appétits.

Cet insecte est, pour tout le monde, affreux par sa forme et repoussant par son odeur. Mais combien de personnes qui, à l'idée, au nom seul d'une punaise sont saisies d'une espèce d'horreur, d'un frémissement involontaire. Une légère piqûre, son contact seulement leur font éprouver des démangeaisons violentes et intolérables, suivies d'une douleur tout aussi vive et à laquelle se joint encore le souvenir de la cause dégoûtante qui l'a produite.

On comprend facilement que de tous temps on ait cherché à détruire cet insecte, et que, pour y parvenir on ait indiqué un nombre considérable de moyens, et fabriqué des milliers de recettes. Plusieurs, trompés par le résultat d'expériences incomplètes, ont cru avoir découvert le moyen infaillible, et il n'est rien en quelque sorte que l'on n'ait mis en usage : *huile*, *graisse*, *mercure*, *sublimé corrosif*, *sel ammoniaque*, *assa fœtida*, *vert-de-gris*, *camphre*, *galbanum*, *huile empireumatique*, *essence de térébenthine*, *plantes scorbutiques*, *fumée de tabac*, *de souffre et d'encens*, *feuilles de noyer*, *etc.*, *etc. même des talismans et des amulettes.*

Cependant il existe toujours des punaises, et elles semblent croître en proportion du nombre infini des moyens employés jusqu'à ce jour, comme pour en démontrer la complète inefficacité. Leur destruction totale, on en convient, serait une œuvre immense, utile, populaire, digne de grandes récompenses. Nous avons entrepris la tâche d'étudier cette matière, et nous avons été en position de connaître et d'apprécier, mieux que personne, les difficultés nombreuses qui environnent une entreprise de cette nature.

Aussi n'est-ce qu'après des études spéciales et consciencieuses, le dépouillement d'un grand nombre de documents, des expériences et des applications multipliées dans des travaux exécutés par nous-mêmes ou sous nos yeux, que nous annonçons enfin, avec la confiance que donnent des succès nombreux, répétés dans des épreuves toujours heureuses, la découverte d'un spécifique souverain pour la destruction des punaises.

Nous n'aurions pas atteint notre but si nous avions seulement annoncé la découverte de ce spécifique, en le livrant tout composé au commerce ou en le fesant employer par nous-même.

Il nous importait, pour couronner dignement nos efforts, que toute personne pût le composer et l'employer elle-même, et qu'il devînt ainsi, d'un usage général et facile.

C'est dans cette pensée que nous publions ce petit ouvrage. Nous entrons d'abord dans quelques développements sur la nature et les habitudes de la punaise, et sur les causes probables qui l'engendrent ou facilitent sa rapide et prodigieuse production, en nous appuyant de l'autorité de naturalistes et de savants distingués tant anciens que modernes.

Nous nous occupons succintement des moyens employés jusqu'à ce jour sans efficacité.

Enfin nous indiquons la composition du spécifique souverain, objet de notre découverte, et nous expliquons clairement et avec détail, les moyens de l'employer avec fruit.

Convaincu de la vertu du spécifique, nous aurons atteint un but utile, si notre publication est aussi bien accueillie qu'elle peut être bien comprise.

La punaise domestique ou de lit, *Cimex domesticus aut lectularius*, est un insecte trop connu pour que j'aie besoin d'en faire ici la description. Qui ne connaît sa platitude devenue terme de comparaison, et qui n'a pas eu à souffrir de son odeur fétide. * On prétend que la punaise n'est pas originaire d'Europe. Quoi qu'il en soit, je suis bien persuadé que la malencontreuse région qui nous en a gratifié, ne la voit

* Vulgò dictus vermiculus, odore fœdus, ex ligno nascens, chartisque et palleis.

MARTIAL, *liber* 11. 33.

pas chez elle croître avec plus de fécondité qu'elle ne le fait chez nous.

La cause première de sa production serait, d'après presque tous les philosophes et naturalistes anciens, un secret de la nature. Néanmoins le célèbre Wammerdam a reconnu que la punaise provenait d'un œuf produit par un insecte de même espèce, et il la classe dans le premier ordre de transformation, désigné sous le nom de Nymphe-animal, attendu que l'insecte sort tout formé de son œuf. *

On a cru, et cette croyance est encore généralement répandue, que les pigeons, les poules et les autres oiseaux domestiques, la proximité des fours, et certaines espèces de bois tels que le pin et l'osier, engendraient les punaises : je vais expliquer en peu de mots ce qui a donné lieu à cette supposition.

Les oiseaux domestiques n'engendrent point par eux-mêmes les punaises, mais ils aident à leur reproduction par la chaleur de leurs corps qui fait éclore avec facilité les œufs de ces insectes. Il en est de même des exhalaisons chaudes et vivifiantes que répand notre corps, et qui, absorbant l'humidité surabondante dont l'œuf est rempli, donnent à l'insecte assez de force pour déchirer et percer l'enveloppe ex-

* Histoire naturelle de Wammerdam. — Collection académique tome V, page 32. — Leçons de la nature par Louis D.., tome I, 81.me considération, origine des insectes et leur transformation. — Dictionnaire universel d'histoire naturelle par M. Valmont de Bomare, 3.me édition, Lyon 1776, au mot *Punaise*.

térieure qui le cache. Les punaises qui sont dans les colombiers et dans les poulaillers diffèrent par la forme de celles qui se trouvent ordinairement dans les lits; les premières, quoique de la même couleur, sont moins grosses et plus allongées : malgré cette différence de conformation, il est certain cependant que si des punaises prises dans ces lieux étaient immédiatement mises dans un lit, elles ne manqueraient pas d'y fixer leur demeure et de s'y multiplier : j'avance ceci avec d'autant plus de certitude, que j'ai trouvé dans certaines maisons des punaises de différentes formes et de diverses grosseurs.

Les fours favorisent, sans contredit, la production des punaises et il faut toujours autant que possible en éloigner les lits; car la chaleur du four, jointe à celle de l'homme, absorbe l'humidité des œufs, les fait éclore plus vite, et procure aux nouveaux nés les moyens de se reproduire à leur tour.

Le pin, malgré le nombre infini de petits trous qui se forment en lui, ainsi que les vieux murs n'engendrent point les punaises; ils ne sont que les objets dans lesquels les mères vont de préférence chercher des nids pour déposer leurs œufs.

On comprend facilement que l'osier ne puisse pas avoir la vertu de produire des punaises ; mais la forme dans laquelle on l'emploie pour en faire des berceaux et des claies, est très-propre à leur ménager des logements commodes où elles peuvent se réfugier et déposer leurs œufs. S'il y a ordinairement dans les berceaux beaucoup de punaises, c'est que, d'abord, comme je viens de le dire, elles y trouvent des places commodes pour se loger, et qu'ensuite les enfants que l'on y laisse toute la nuit et une grande partie de la journée réchauffent les œufs et activent leur éclosion.

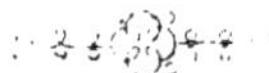

La fécondité de la punaise est telle qu'une seule mère suffit pour peupler une chambre en peu de jours. Les œufs éclosent aux premières chaleurs ; l'insecte qui en sort, court dès qu'il est né, et il est si petit que l'on peut à peine le distinguer à l'œil nu ; mais dès qu'il peut se repaître de sang, sa nourriture favorite, il devient bientôt gros et en état de se reproduire. *

L'hiver détruit beaucoup de punaises, et la grande quantité de peaux de ces insectes qui se trouvent principalement dans les fentes et dans les mortaises des lits ont donné à penser à plusieurs auteurs, notamment à M. de Réaumur qu'elles se dévoraient

* Encyclopédie ou dictionnaire raisonné des sciences (*au mot* Punaise.)

entr'elles : cette supposition fût-elle vraie et ne resta-t-il qu'un petit nombre de ces insectes, ce nombre quelque petit qu'il fût, joint aux œufs qui éclosent au printemps, suffirait pour infecter une maison entière l'été suivant : mais divers faits constatés avec soin portent à croire qu'elles ne s'entre-dévorent point. J'ai renfermé, pendant l'été, dans une boîte, et j'ai privé de nourriture des punaises de diverses grosseurs. Le cinquième jour toutes les petites punaises étaient mortes, et le huitième les autres l'étaient aussi. je n'ai alors remarqué sur leur corps aucune trace qui pût faire présumer la destruction dont parle M. de Réaumur. L'expérience, d'ailleurs, m'a convaincu qu'elles passent l'hiver dans une sorte de torpeur pour reparaître au printemps sous une enveloppe nouvelle.

Les causes qui peuvent contribuer à introduire des punaises dans les lieux où il n'y en a jamais eu, et dans ceux où on les a déjà détruites, sont nombreuses : je vais indiquer sommairement celles que j'ai étudiées et que chacun pourra reconnaître véritables.

Les berceaux qui ont servi aux enfants, surtout ceux faits en osier, peuplent presque toujours de punaises la maison dans laquelle on les porte. La mère qui vient de recevoir son enfant des mains de sa nourrice, s'empresse d'établir près de son lit le berceau qui vient de lui être apporté, sans se douter que cette tendre sollicitude lui coûtera bien des tourments, et que ce berceau est plein de punaises auxquelles la première nuit suffira pour se répandre non seulement dans son lit, mais encore dans toute sa chambre.

Les claies en osier que beaucoup d'auteurs, notamment Aldrovende, conseillent comme un moyen certain de les détruire sont, au contraire, très propres à les propager. Je conviens qu'une claie que l'onmet au chevet d'un lit et que l'on bat tous les matins peut en diminuer le nombre, puisqu'une partie de celles qui étaient dans le lit seront venues s'y réfugier; mais les œufs que les punaises y déposent de préférence, venant à éclore, forment une famille nouvelle bien plus nombreuse que celle qui a été détruite. Pour que l'usage des claies eût quelque apparence de réussite, il faudrait les faire servir pendant trois ou quatre jours au plus, puis les faire brûler et s'en procurer de nouvelles. En ce point je suis encore en contradiction avec Aldrovende qui dit que plus les nattes sont vieilles meilleures elles sont.

Un grave inconvénient que présentent les claies, c'est que, tout en cherchant à expulser les punaises d'un seul endroit, on s'expose à les répandre dans toute la maison, par la nécessité où l'on est de battre les claies tous les matins, et par l'impossibilité réelle d'apporter à cette opération tout le soin désirable. Il est facile, lorsque l'on bat les claies, de faire périr les punaises que l'on aperçoit marcher ou seulement se remuer; mais celles qui viennent d'éclore et qui sont presque imperceptibles, échappent à l'œil le plus clairvoyant, se dispersent, et vont peupler les chambres voisines.

D'autres personnes ont conseillé de placer au chevet des lits des planches dans lesquelles seraient pratiqués des trous ne traversant pas de part en part. * Les trous de ces planches présenteraient le même inconvénient que les claies, et serviraient à recevoir les œufs des punaises.

Nous arrivons à une des causes les plus fréquentes de la multiplication des punaises, aux déménagements.

Un locataire déménage; il emporte, avec ses meubles, une quantité plus ou moins grande de punaises : bientôt murs, cloisons, papiers, de son nouvel appartement seront infectés de ces insectes, et, par une conséquence inévitable, celui qui ira occuper le logement qu'il abandonne verra, aux premiers jours, ses meubles salis par la présence de cette affreuse vermine.

Un locataire d'un étage élevé déménage pendant

* Mémoires abrégés de l'Académie de Stockolm, rapportés au tome XI, page 442 de la Collection académique. Paris 1772

les chaleurs; il ne possède que des meubles garnis de punaises : lui sera-t-il possible de les transporter sans les traîner et sans les frapper contre l'escalier ; et ce déménagement seul ne suffira-t-il pas pour infecter tous les étages de la maison qu'il quitte, et ceux de la maison qu'il va habiter.

Pour prouver la vérité de mon assertion, et donner un exemple de la facilité avec laquelle les punaises peuvent quitter les meubles et se répandre partout, je vais citer un fait qui m'a été rapporté par un architecte de Paris, rue de la Pépinière.

Je vis, un jour, me dit-il, une femme déposer sous mes fenêtres un bois de lit qui paraissait la fatiguer. Je ne m'opposai nullement au repos qu'elle se disposait à prendre ; mais quelle ne fut pas ma surprise, lorsque j'aperçus un essaim de punaises qui, s'échappant de ce bois de lit, gravissaient mon mur et cela avec une telle vitesse que ce ne fut pas sans peine que je parvins, avec l'aide de quelques personnes de la maison, à détruire tous ces insectes dont quelques-uns avaient déjà atteint le premier étage.

Si les déménagements sont à redouter pour les locataires voisins, les achats de vieux meubles ne le sont guère moins pour les acheteurs.

On achète à un encan ou à des revendeurs de vieux meubles, de vieilles glaces, de vieux tableaux, etc. On place ces objets dans son appartement se contentant de l'apparence de propreté qui les fait paraître convenables, et bientôt on est étonné de l'apparition subite de certains insectes que l'on ne peut souffrir, et dont on a honte d'avouer la présence chez soi.

La première personne chez laquelle j'ai fait travailler à Paris, rue des Tournelles, avait acheté un petit tableau peint sur toile qu'elle avait placé près de son lit. Ce tableau, qui d'ailleurs était charmant, la gratifia de ces aimables insectes, elle que l'idée seulement d'une punaise tenait éveillée toute la nuit.

On vend également de vieux lits qui, au moyen d'une couleur et d'un vernis paraissent être neufs et sont achetés comme tels. Je me suis assuré par moi-même à Paris et à Bordeaux que la plupart de ces lits contenaient des punaises.

Les meubles étant le domicile habituel que choisissent les punaises, il est rationnel d'attribuer au transport, à l'enlèvement de ces mêmes meubles la principale cause de leur propagation; cependant d'autres causes importantes peuvent en amener l'apparition; ainsi, par exemple, les blanchisseuses, en rapportant le linge, apportent très-souvent des punaises, et il peut s'en trouver également dans celui qui est envoyé des colléges, car les établissements de ce genre, ainsi que les établissements publics en général, sont rarement exempts de ces insectes. On peut apporter dans ses effets et sur soi des punaises que l'on aura prises dans le lieu où l'on aura couché. Il est rare que dans une chambre infectée de ces insectes il ne s'en trouve pas aux porte-manteaux cloués aux murs et aux chaises placées près des lits.

J'ai vu, à Paris, dans un hôtel où je faisais travailler, les habits, le chapeau, les bottes et les autres effets d'un garçon de l'hôtel tellement couverts de punaises qu'il lui aurait été impossible de s'habiller avec ses habits, sans avoir sur lui une quantité prodigieuse de ces insectes. Deux dames ont porté pendant quelque temps une fourmillière de punaises, l'une dans son chapeau et l'autre dans un tour en cheveux.

La chose la plus surprenante, c'est qu'il puisse exister des punaises dans des maisons neuves qui n'ont encore contenu aucun meuble.

Deux architectes de Paris, dont l'un est le même qui m'a raconté le siége de sa maison par les punaises, me citèrent l'existence de ce fait, et me demandèrent quelle pouvait en être la cause : quant à eux ils l'attribuaient au plâtre. Je fus d'abord surpris de l'étrangeté de ce fait, et je ne pus résoudre à l'instant cette question nouvelle pour moi ; mais quelques jours après il me fut facile de leur en donner une solution satisfaisante.

Un propriétaire de la rue d'Orléans, au Marais, me pria d'envoyer chez lui pour désinfecter une chambre divisée par une cloison qu'il avait l'intention de faire enlever. Etant allé visiter son appartement, je conseillai au propriétaire de faire jeter dans la cour et par les croisées (de crainte que par l'escalier les punaises ne se répandissent dans la maison), tous les bois qui composaient la cloison et de les faire brûler. J'y revins le lendemain, et je fus très-surpris d'y trouver un revendeur de la rue du Chapon qui venait d'acheter, et qui transportait dans son magasin ce bois si bien peuplé! Cette circonstance vint me confirmer dans l'idée que j'avais déjà conçue; et je pus donner à mes architectes la solution de leur question. Ils convinrent avec moi que ce devait bien être là la véritable cause de la propagation des punaises dans les lieux qui semblent devoir en être encore exempts, à Paris surtout où l'on ne fait jamais brûler aucun bois pour peu qu'il paraisse propre à la construction.

Plusieurs auteurs ont eu l'idée de nous débarrasser de la présence des punaises; mais les moyens qu'ils ont indiqués pour leur destruction ont été employés jusqu'à ce jour sans résultat. On peut en attribuer la cause d'abord au peu de vertu des drogues et des moyens prescrits, et ensuite à la négligence apportée dans leur emploi.

Presque tous ceux qui se sont occupés de ce sujet ont conseillé l'usage des claies ou nattes, et cependant on a vu les nombreux inconvénients qu'elles présentent, et le peu d'utilité que l'on doit en attendre. Certaines personnes emploient des harengs, de l'ail et des sachets de camphre pour éloigner les punaises: cette précaution est illusoire et les punaises n'en font aucun cas. J'ai été appelé à Paris chez une personne qui tenait constamment dans son lit plusieurs petits sachets de camphre, et qui, malgré cela, ne pouvait avoir pendant la nuit un seul instant de repos. J'ai vu dans quelques maisons des gousses d'ail introduites dans des murs pour faire périr, par la force de leur odeur, les punaises assez imprudentes pour s'en approcher : j'ai examiné ces mêmes gousses, et j'ai trouvé autour d'elles des punaises ne paraissant nullement s'inquiéter de l'odeur de l'ail et des piéges qu'on leur avait tendus.

Les fumigations sulphureuses et mercurielles sont généralement conseillées. * Cependant leur emploi présente de grandes difficultés et même de grands dangers. Il faut d'abord fermer hermétiquement la pièce dans laquelle on veut opérer; enlever de cette pièce les objets en acier, en fer poli, en dorure et même en étoffe de couleur, et ne point entrer dans cette chambre avant d'avoir pris de sérieuses précautions. Si, pour prix de la peine que l'on s'est donnée, et du danger que l'on a couru, on se voyait débarrassé de ces insupportables insectes, on pourrait se

* Nature considérée, année 1774.

féliciter ; mais les fumigations n'atteignent que très-rarement, pour ne pas dire jamais, le but proposé ; et il est certain, par exemple, qu'il peut y avoir des punaises tellement bien cachées que l'odeur ne puisse pénétrer jusqu'à elles ; et il est également évident que tous les œufs dont l'embrion ne sera pas formé ne périront point ; ainsi, de nouvelles punaises remplaceront celles qui auront été détruites, et nécessiteront une nouvelle opération. Je ne suis pas le premier à combattre les fumigations, car voici ce qu'on lit dans la *Collection académique*, *tome* 11, *page* 443 : « Les moyens les plus vantés et quelque-« fois très-chers de tuer et chasser les punaises réus-« sissent rarement. On a pendant tout un été rempli « une chambre de fumée de souffre, et il s'y est « encore trouvé des punaises. L'huile de tabac, de « savon, l'agaric aux mouches ont, pour ainsi dire, « empesté la chambre, et n'ont pas eu plus de « succès. »

Le sublimé-corrosif, l'onguent mercuriel, l'essence de térébenthine, l'huile empireumatique, l'esprit de sel, la graisse, le suif et l'huile sont prescrits par les auteurs pour la destruction des punaises. Bien employées ces matières peuvent être d'un bon effet, mais certaines d'entr'elles présentent de graves inconvénients.

Le sublimé est un poison très-dangereux et très-violent.

L'essence de térébenthine, ainsi que l'huile empireumatique doivent répugner par leur odeur aux personnes qui les emploient, et à celles qui doivent coucher dans les lits qui en ont été frottés; et il est positif que les œufs dont le germe n'est point formé, éclosent plus tard quoiqu'ils aient été atteints par ces matières.

L'onguent mercuriel, le suif et la graisse salissent les meubles, et sont trop compactes pour être introduits partout où une punaise peut se glisser.

L'esprit de sel détériore les meubles, et laisse après lui une humidité nuisible.

L'huile est, sans contredit, la matière qui serait préférable; mais seule elle ne réunit pas toutes les qualités nécessaires.

Une des causes certaines de la non réussite dans l'emploi des matières dont nous venons de parler, c'est que ceux qui les ont prescrites ne se sont nullement mis en peine de leur application, et que les moyens qu'ils ont indiqués pour s'en servir n'ont pas été le fruit de l'expérience et du travail. Je vais montrer, par un exemple, le peu de soin avec lequel sont données la plupart des *instructions pour la destruction des punaises.* Une dame d'Amboise vendait des petites bouteilles d'une eau qu'elle disait merveilleuse pour la *destruction des punaises.* La très-courte instruction qui enveloppait la bouteille prescrivait de passer avec une plume ou un pinceau de cette eau merveilleuse dans toutes les fentes du lit, et pour éviter que les punaises qui se trouveraient dans les murs ne fissent, pendant la nuit, irruption dans le lit, il y était conseillé d'avoir soin chaque soir d'éloigner le lit du mur.

Maintenant que je viens de passer en revue les principaux moyens prescrits pour détruire les punaises, et que j'ai démontré leur inefficacité ou leur peu de vertu, je vais enseigner la manière que j'emploie pour arriver à un résultat meilleur, à une destruction certaine.

J'indiquerai, par des numéros d'ordre, les liquides, le mastic et la colle qui devront être employés, et dont je renvoie le mode de composition à la fin de cet ouvrage.

Les punaises se trouvent non seulement dans les lits et dans les meubles qui en sont proches, mais encore dans les murs, les cloisons, les papiers, les plinthes, les cymaises, les planchers et les plafonds. Il faut donc visiter scrupuleusement tous les endroits qui peuvent les receler, puis les détruire, et se précautionner contre leur réapparition. Voici la manière de faire cette opération avec fruit.

On commence d'abord par enlever les couvertures

et les couches des lits, en ayant soin de bien visiter les coins des traversins, des couettes, des matelas, du sommier et de la paillasse: ces trois derniers articles devront être refaits et les toiles lessivées ou blanchies, à moins qu'ils ne soient faits depuis peu. Alors il suffira de frotter les coins et les bordures avec du liquide n.° 1, ensuite de les laver à l'eau bouillante, et d'y passer une brosse, afin de détruire les œufs que les punaises déposent ordinairement dans ces endroits. On lavera seulement à l'eau bouillante et l'on frottera avec la brosse les coins des couettes et des traversins.

On descendra ensuite les rideaux et garnitures du lit, et, si c'est pendant l'été que l'opération est faite, on les enserrera avec précaution dans un drap, afin que les punaises qu'ils pourraient contenir ne se dispersent pas dans la chambre. Ces rideaux et ces garnitures devront être blanchis ou du moins suivis à la main et bien brossés à plusieurs reprises et à deux ou trois jours d'intervalle. On devra même s'il est possible les exposer au soleil et les visiter de nouveau avant de les placer. La même opération devra être faite pour les rideaux de croisées.

Il faudra démonter les bois des lits, le ciel ou la couronne en autant de pièces qu'il sera possible. Il faudra également déferrer les roulettes et tous les morceaux de fer qui les tiennent, car c'est ordinairement sous le fer et autour du fer que se trouve la plus grande quantité de punaises et d'œufs. Il serait prudent de démonter tous ces objets sur un drap.

On aura deux ou plusieurs pinceaux dont un très-petit. On videra dans un vase du liquide n.° **1**, et au moyen du petit pinceau on introduira de ce liquide dans toutes les mortaises, fentes, gerçures, trous et nœuds du bois où les punaises ont pu se loger et déposer des œufs. On aura soin de passer plusieurs fois le pinceau au même endroit.

Les châssis qui supportent la paillasse devront être déchevillés et démontés, et les tenons et les mortaises devront être frottés au liquide n.° **1**. S'il y a des sangles, il faudra les déclouer de deux côtés seulement afin de pouvoir démonter les châssis. (C'est ordinairement dans les châssis que les punaises se retirent pour passer l'hiver.) On aura soin de bien enduire de liquide l'endroit où sont clouées les sangles, et une fois placées, on pourra les laver à l'eau bouillante et bien les frotter avec une brosse. Si au lieu de châssis il se trouve des planches, on devra imbiber de liquide les deux extrémités de ces planches et en introduire dans les fentes, les nœuds et les trous que l'on découvrira, et surtout ne pas négliger de déclouer les liteaux et les autres objets qui servent à supporter les châssis ou les planches, de visiter le dessous des pieds des lits et les roulettes qui ordinairement y sont adaptées, et de passer du liquide partout et sur tout. S'il arrivait que les panneaux du lit, lorsque ce lit est à deux têtes ou à bâteau, fussent décollés ou mal joints, il faudrait alors introduire dans les fentes du liquide n.° 1, et s'efforcer, en tournant le bois en tous sens, de le faire pénétrer jusque dans les recoins les plus étroits. Si les bois du lit sont vieux et vermoulus, il faudra avoir soin d'introduire du liquide dans le plus petit trou, et à cet effet il ne serait pas mal de composer du liquide n.° 2, et d'en laver ces vieux bois. Si l'on fait usage de ce dernier liquide, il faudra ne remonter les lits qu'après que les bois qui en auront été frottés seront entièrement secs, parce que l'acide sulphurique avec lequel il est composé brûlerait tout ce qui en serait approché: et il sera même prudent en l'employant, de n'avoir sur soi que de mauvais habits et de se servir d'un pinceau monté en fer ou en cuivre. Quant au liquide n.° 1 il ne salit ni ne détériore le bois; et le mode que je prescris pour l'employer ne doit nullement faire craindre que les couches et les garnitures puissent en être tachées. Cependant on pourra, avant de regarnir les lits, frotter les bois avec un morceau d'étoffe, ce qui d'ailleurs leur donnera un beau brillant.

Je suis entré dans divers détails qui paraîtront peut-être inutiles; mais comme le lit est le meuble essentiel d'une chambre, celui qui nous procure un repos et des jouissances que nous ne pouvons rencontrer ailleurs, j'ai cru devoir donner minutieusement les instructions nécessaires, pour qu'il cessât d'être le séjour d'un hôte aussi dégoûtant que la punaise.

On visitera ensuite les chaises placées près des lits, et si l'on y découvre des traces de punaises, on frottera leurs bois ou du moins les assemblages de ces bois avec le liquide n.° 1, et on lavera la paille à l'eau bouillante : ce dernier travail doit être fait deux fois et à deux jours d'intervalle, à cause des œufs que l'eau n'aura pas annihilés, mais dont elle aura, au contraire, facilité l'éclosion.

Les glaces, les trumeaux, le derrière des armoires ou des commodes, le dessous des marbres et même les ferrures et l'intérieur des serrures doivent être l'objet d'une scrupuleuse visite; et il doit être passé du liquide sur tout objet en bois et en fer.

Le derrière des tableaux sous verre devra être garni, avec précaution, d'un papier fixé au moyen de la colle indiquée sous le n.° 3.

Si les tableaux sont à l'huile, pour éviter de déclouer les toiles et de défaire les châssis, on introduira légèrement du liquide entre le cadre et la toile, en ayant soin de visiter pendant plusieurs jours le derrière de ces tableaux; car on trouvera adaptées, au mur ou à la toile les punaises qui étaient cachées dans le châssis, et que le liquide aura empêché de regagner leur retraite.

Si non loin des lits ou des endroits qu'infectaient les punaises se trouvent des livres, des registres ou des papiers, on devra les suivre avec soin feuille par feuille, et faire périr tous les insectes que l'on y apercevra, car il n'y a point d'autre moyen à prendre pour ces sortes d'objets.

Ces opérations faites, on devra se livrer à celles relatives aux murs et aux objets qui y sont adaptés.

Il faudra déclouer les porte-manteaux; en visiter avec soin les clous, de même que les clochettes, leurs montures et leurs rubans, et frotter de liquide le porte-manteau et les objets en fer.

S'il existe aux murs des plinthes et des cymaises, on devra les déprendre pour les passer au liquide. Si leur enlèvement est impossible, on pourra se contenter d'y adapter au-dessus et au-dessous, au moyen de la colle n.° 3, des bandes de papier fort ou de calicot, de boucher tous les trous avec du mastic, indiqué n.° 4, et de fermer ainsi toute issue à ces insectes. En employant ce dernier moyen il est positif que les punaises existantes dans ces endroits périront; mais leurs œufs se conserveront et ne manqueront pas d'éclore à la première impression de l'air, quel que soit d'ailleurs l'espace de temps écoulé depuis l'opération. Voici un fait qui me confirme pleinement dans mon idée. Un peintre de Paris fut appelé pour tapisser une chambre. Les murs étaient recouverts de papiers qui depuis plus de vingt ans avaient été collés les uns sur les autres. Le peintre fit racler les murs, et reconnut dans les trous et les crevasses qui s'y étaient formés de nombreuses traces de punaises. N'ayant pu coller les papiers que huit jours après, il fut étrangement surpris de voir courir sur les murs, une quantité prodigieuse de petites punaises, que l'impression vivifiante de l'air avait fait sortir de leurs œufs.

Maintenant un mode uniforme d'opération ne saurait être indiqué, car il varie selon que l'appartement est orné de tentures, qu'il est garni de papiers collés sur les murs, ou que les murs sont entièrement nus.

Les tentures en laine ou en une autre étoffe de prix, et même en papier collé sur toile, ne comportent d'autre opération que celle d'un frottement délicat au moyen d'une brosse, en s'assurant auparavant qu'elles ne cachent aucune punaise. Cependant si ces tentures, surtout celles en papier, sont vieilles et en mauvais état, il sera bien de les remplacer par d'autres et de frotter alors de liquide n.° 1 les liteaux sur lesquels les toiles sont fixées.

Si les papiers sont collés sur les murs, il est facile de détruire les punaises qu'ils recèlent. On brossera d'abord la tapisserie, en ayant soin de placer au dessous un linge qui puisse recevoir les insectes qui tomberont par suite de ce frottement; on visitera avec attention les bordures de la tapisserie et le pourtour des portes et des placards, et on reprendra les endroits de la tapisserie qui seront décollés ou déchirés; mais il faudra auparavant visiter scrupuleusement ces endroits, et s'il s'y trouve des punaises ou seulement quelques traces de ces insectes, enduire le mur de la colle n.° 3, ou, ce qui sera préférable, y coller des bandes de papier ou de calicot. Je recommande d'une manière expresse, de ne jamais laisser subsister plusieurs papiers l'un sur l'autre; c'est une des habitudes les plus contraires à la propreté des appartements.

Lorsque l'on jugera nécessaire de retapisser l'appartement, il faudra auparavant lever les plinthes et les cymaises, les frotter de liquide n.° **1**, et laver le mur au liquide n.° **2** : cela fait, et les plinthes et les cymaises replacées, on devra coller au haut des murs et autour des portes, des placards, des plinthes et des cymaises, des bandes de papier ou de calicot de la manière qui vient d'être indiquée ; de sorte qu'en usant de ce moyen on peut être certain que, quand bien même on apporterait des punaises dans la chambre où a eu lieu l'opération, il leur serait impossible de pénétrer dans la tapisserie.

Si les murs sont seulement plâtrés ou crépis, on introduira dans les fentes et dans les trous que l'on découvrira un peu de liquide n.° **1**, puis on les bouchera hermétiquement avec du plâtre et de préférence avec le mastic n.° **4**. La même opération devra être faite aux plafonds.

Si ces murs sont sales, et qu'ils contiennent beaucoup de punaises et d'œufs il faudra les laver au liquide n.° **2**, puis suivre l'instruction ci-dessus donnée. Les planchers et les carreaux devront également être lavés avec le même liquide si l'on y soupçonne la présence des punaises, et s'il se trouve des carreaux dépris il faudra, avant de les consolider, s'assurer qu'ils ne recèlent aucune punaise.

Il existe dans beaucoup de chambres des cloisons.

Si elles sont en briques ou en torchis, il faut d'abord les racler, les laver au liquide n.° 2, puis boucher les trous et les fentes avec le mastic n.° 4.

Si les cloisons sont en planches, le premier soin sera de passer avec le petit pinceau du liquide n.° 1 dans toutes les fentes et les jointures des planches: cette opération faite on les lavera au liquide n.° 2, et lorsqu'elles seront sèches on bouchera avec du mastic n.° 4 les trous qui s'y trouveront, on collera sur toutes les jointures des bandes de papier ou de calicot et ensuite on pourra tapisser ces cloisons ou leur donner une couleur.

L'opération entièrement achevée sur tous les meubles, les objets et les murs d'un appartement, on devra pendant les premiers jours visiter soigneusement les draps et les couches des lits, car s'il s'est échappé quelques punaises c'est le lieu où elles se réfugieront, le liquide les empêchant de s'introduire dans les bois du lit. On pourra même mettre, le soir, au chevet du lit, des feuilles vertes de haricot ou de grande consoude, et s'il existe un seul insecte dans le lit, on le trouvera le lendemain matin accroché au revers d'une de ces feuilles. *

* M. Geoffroy, naturaliste distingué, conseille pour attirer les punaises l'usage de feuilles de bourrache, grande consoude et de certaines plantes rudes et épineuses.

Si, par suite de ces recherches, on ne trouve que de petites punaises, on pourra être certain de n'avoir laissé échapper à la destruction que quelques œufs. Alors on devra soir et matin faire de minutieuses visites dans les couches des lits, y mettre des feuilles de plantes que j'ai indiquées, balayer la chambre plusieurs fois par jour et principalement sous les lits, et tâcher de découvrir l'endroit d'où proviennent ces punaises afin d'y passer du liquide.

Les détails dans lesquels je viens d'entrer épouvanteront peut-être quelques personnes, et leur feront penser que l'opération que je conseille présente des difficultés insurmontables; mais qu'elles ne cèdent point à cette première idée, qu'elles réfléchissent un instant, et elles comprendront que les moyens que j'indique sont, au contraire, simples et à la portée de tout le monde. Je n'ai pas pu, il est vrai, donner une instruction pour chaque lieu, pour chaque ameublement; mais en étudiant un peu ma méthode, il sera facile de suppléer, par les instructions générales aux instructions spéciales que j'aurais pu omettre, et j'ai la conviction qu'en suivant exactement celles que je donne, on se verra débarrassé de cet insecte incommode.

Malgré les bons résultats obtenus la première année, on devra l'année suivante faire une scrupuleuse visite dans les lieux où l'opération aura été faite. Selon toute probabilité il ne s'y trouvera pas de punaises; mais c'est une précaution que la prudence réclame; car la moindre négligence apportée dans l'opération aura été préjudiciable, et une seule punaise ou même un seul œuf, échappé à la destruction aura suffi pour faire reparaître quelques punaises.

La plupart des personnes ne pensent aux punaises que lorsqu'elles sentent leurs morsures ou les voient courir sur leurs meubles, et comme l'été est la saison pendant laquelle ces désagréments sont les plus fréquents, c'est l'été qu'elles choisissent pour se débarrasser des attaques incessantes de ces dégoûtants et hideux insectes. Cependant, et cet avis est pour les personnes prévoyantes, l'hiver est bien préférable pour faire avec fruit une opération de ce genre. Les mois de Janvier, Février et Mars seraient l'époque la plus convenable; parce que les punaises sont engourdies et tapies dans leurs demeures, et qu'il n'existe d'œufs que dans les lieux où elles se sont retirées. Vers le mois d'Avril ces insectes commencent à sortir de leur retraite, et déposent leurs œufs partout où elles passent.

Les personnes qui auront été délivrées de la présence des punaises, et celles qui auront été assez heureuses pour n'en avoir jamais éprouvé les fatigantes attaques doivent bien se persuader qu'elles ont à exercer chez elles et sur elles une surveillance de tous les instants. On a vu dans le courant de cet ouvrage combien il est difficile de se prémunir contre l'invasion de ces insectes, et que de circonstances peuvent en amener l'apparition. J'aurais cru ne remplir qu'imparfaitement la mission que je me suis imposée, si je m'étais contenté d'enseigner la manière de détruire les punaises, et si je n'avais pas indiqué les moyens de s'en préserver.

J'ai fait connaître déjà les causes ordinaires de leur existence dans les maisons, et tout en résumant les motifs que j'ai allégués, je vais me permettre certains conseils que je crois nécessaires.

J'ai cité les berceaux, les claies, les déménagements et les achats de vieux meubles comme étant les principales causes de la propagation des punaises.

Aussi je conseille fortement :

Aux mères de famille de laisser aux nourrices les berceaux qu'elles leur avaient confiés ;

Aux amateurs de vieux tableaux de s'assurer, avant de les placer dans leurs appartements, qu'ils ne contiennent aucune punaise ;

Aux partisans des claies de revenir de leur erreur et de les faire brûler ;

Et aux revendeurs de passer au liquide n.° 1 les meubles qu'ils voudront peindre ou revernir.

Lorsque dans une maison il se sera opéré un déménagement, les autres locataires, surtout ceux des étages inférieurs, devront avoir soin de nettoyer l'escalier, et de remarquer s'ils n'aperçoivent aucune punaise; s'ils en découvrent, et qu'ils craignent qu'il s'en soit introduit dans leurs chambres, ils se hâteront de faire chez eux une visite scrupuleuse et de suivre, au besoin, les instructions prescrites ci-avant.

Ceux qui iront habiter un nouvel appartement devront, par précaution indispensable, se conformer aux instructions que j'ai données pour le nettoiement des murs et des planchers.

Les hôtels et les *maisons garnies* sont sujets à avoir des punaises qui y sont apportées dans les effets des voyageurs, aussi est-il indispensable de visiter souvent les lits et de les nettoyer à la première apparition d'un de ces insectes.

Les maîtresses de maison doivent s'assurer de la propreté des chambres de leurs domestiques; car si ces chambres recelaient des punaises, il serait presque impossible à ceux qui font les lits de ne pas en apporter dans les chambres de leurs maîtres.

Celui qui fera construire une maison devra veiller à ce que les entrepreneurs ne fassent employer ni de vieux plâtras ni de vieux bois.

Ceux qui louent des maisons ou des appartements doivent tenir la main à ce que leurs locataires n'apportent dans leur maison que des meubles propres: il serait même prudent d'exiger que ces meubles fussent frottés du liquide n.° 1. Je conseille aux propriétaires qui auront l'intention de faire tapisser leurs chambres, de prendre auparavant les précautions que j'ai indiquées, et surtout de ne point coller papier sur papier.

Si dans les instructions que j'ai données, je n'ai nullement parlé des lits en fer, ce n'est point parce que je les regarde comme devant être exempts de punaises : bien loin de là, j'ai pensé seulement qu'il était superflu de m'en occuper, attendu la manière simple dont ils sont généralement faits, et la facilité avec laquelle on peut les démonter et les imbiber de liquide.

On avait cru pendant long-temps que ces lits préservaient des punaises; mais l'expérience a dû faire revenir de cette erreur : on s'est aperçu que les punaises y séjournaient tout aussi bien et peut-être en plus grande quantité que dans les lits en bois. Déjà, en 1781, M. Buchoz écrivait dans son *Histoire des insectes nuisibles à l'homme :* « Les lits en fer sont « plus utiles pour la durée que pour empêcher la

« production des punaises, qui savent bien se loger « ailleurs que dans les bois de lit. » J'ai été à même de remarquer plusieurs fois la préférence que ces insectes donnent au fer sur le bois, et je suis persuadé qu'un lit en fer ayant les mêmes compartiments qu'un lit en bois en contiendrait un plus grand nombre. J'en ai vu la preuve évidente à Paris, rue de Cléry : un de mes ouvriers nettoyait dans une maison la chambre de la domestique, séparée du salon par une cloison en planches. L'ouvrier ne s'occupa que de la cloison et négligea de visiter le lit, persuadé que parce qu'il était en fonte il ne devait contenir aucune punaise. Quelque temps après je fus prié de passer dans cette maison et de visiter de nouveau la chambre de la domestique. Je trouvai dans les fentes de la cloison plusieurs punaises, mais leur nombre était bien peu de chose en comparaison de celui qui se trouvait dans le lit. Croira-t-on que les moulures pratiquées sur la façade des panneaux étaient tellement remplies de punaises superposées les unes sur les autres que ces insectes faisaient remplissage, au point que les panneaux paraissaient tout unis? Je n'avais encore rien vu de pareil.

Comme les grands établissements reçoivent tous les jours des gens de toute sorte, il leur est presque impossible de se préserver des punaises; aussi doivent-ils avoir des lits en bois dur, très-simples et faciles à démonter; se livrer à de fréquentes visites, et au moindre soupçon de vermine y passer du liquide n.° 1.

Les établissements qui ont des lits en fer sont dans l'usage de les faire peindre souvent pour les préserver des punaises. Je conseille d'employer de préférence, à cet usage, mon liquide n.° 1, et l'on pourra bientôt se convaincre de son incontestable supériorité sur la peinture.

MANIÈRE

DE COMPOSER

LES LIQUIDES, LA COLLE ET LE MASTIC DONT L'EMPLOI VIENT D'ÊTRE PRESCRIT.

LIQUIDES.

N.° 1.

Prenez une partie de savon noir que vous mêlerez au moyen d'une spatule ou d'un pinceau, avec trois parties de graisse de porc : ce mélange fait, vous ajouterez peu à peu, et en remuant, quatre parties d'huile d'olive ou d'œillette (cette dernière est quelquefois appelée huile blanche), cela formera une pâte que vous rendrez liquide en y versant aussi peu à peu environ quatre parties d'eau bouillante qui devra, autant que possible, être de l'eau de rivière ou de pluie, afin de faire mieux dissoudre le savon. Le liquide obtenu devra avoir la consistance du lait, et s'il venait à s'épaissir, on pourrait avec de l'eau bouillante le rendre à l'état demandé.

On peut se servir également du savon ordinaire, mais alors il faut en mettre moitié moins, le raper ou le couper à petits morceaux, et en former une pâte au moyen d'un peu d'eau chaude avant de le mêler à la graisse.

N.° 2.

Le liquide n.° **2** se compose d'une partie d'acide sulphurique, généralement connu sous le nom de vitriol, étendu dans huit parties d'eau. Il sera bien de faire cette composition dans un vase en bois.

N.° 3.

COLLE.

Cette colle est celle que l'on désigne à Paris sous le nom de colle double de peau ou de doreurs. Comme il est difficile de s'en procurer, et que l'on n'en fabrique peut-être qu'à Paris, voici le moyen de la remplacer. Prendre un demi-kilogramme de colle-forte première qualité, la mettre à tremper la veille, ou du moins pendant plusieurs heures dans deux litres d'eau, la mettre sur le feu, la remuer de temps en temps, la retirer lorsqu'elle sera entièrement fondue, et l'employer toute chaude.

Les bandes de papier ou de calicot devront être plongées en entier dans la colle, exprimées entre deux doigts, et posées toutes chaudes. Cette manière simple et facile est sans contredit la meilleure.

N.° 4.

MASTIC.

Pour faire ce mastic, on broîra du blanc d'Espagne ou de Meudon, on y versera peu à peu de la colle presque bouillante, et au moyen d'une truelle ou d'un autre outil, on formera du tout une pâte très-fine et très-déliée que l'on pourra mettre dans un vase recouvert d'un linge mouillé afin de la conserver maniable.

Si l'on désire blanchir à la colle les plafonds ou les murs, on fera dissoudre dans de l'eau du même blanc d'Espagne ou de Meudon ; on attendra quelques instants, puis l'on versera l'eau claire qui se trouvera au-dessus de la matière ; on mettra à cette matière de la colle bouillante à laquelle on aura ajouté un quart d'eau. Si l'on veut donner aux murs une couleur, on n'aura qu'à délayer, et avant d'y ajouter la colle, la couleur que l'on aura choisie.

Je conseille avec d'autant plus de raison l'emploi de la colle, qu'elle est un véritable spécifique contre les punaises. Les corps gras, comme on peut s'en convaincre par la composition de mon liquide n.° 1, sont mortels pour ces insectes, et la colle double de peau dont on fait usage à Paris, est faite, au *Gros Caillou*, d'abattis, et dans les autres fabriques, de peaux de lapins. D'ailleurs, la recette que donnait contre les punaises M. Buchoz, dont j'ai déjà parlé, vient à l'appui de ce que j'avance; il disait : « Une « recette très-bonne pour détruire les punaises, c'est « de faire bouillir un lapin avec la peau dans deux « pots d'eau, de laisser le tout consommer comme « la gomme de Gand, le passer au travers d'un « gros linge, et de frotter de cette colle les endroits « où il y a des punaises. »

www.ingramcontent.com/pod-product-compliance
Lightning Source LLC
LaVergne TN
LVHW050501160826
845677LV00003B/870

* 9 7 8 2 3 2 9 6 5 6 3 2 8 *